我们的北斗

（插图版）

本书编写组 编

图书在版编目（CIP）数据

我们的北斗：插图版/《我们的北斗》编写组编著. -- 北京：国防工业出版社，2022.7
　ISBN 978-7-118-12508-5

Ⅰ.①我… Ⅱ.①我… Ⅲ.①卫星导航—全球定位系统—中国—青少年读物 Ⅳ.① P228.4-49

中国版本图书馆 CIP 数据核字 (2022) 第 117775 号

编写指导专家
李作虎　王诚龙　焦文海　肖雄兵
刘　莹　田小川　刘晓非　赵云祎

本书编辑组
主　　任　许西安　杨　勇
副 主 任　欧阳黎明　王　娴　徐　辉
成　　员　卢　璐　赵　晶　曹　晨　陈　飞
　　　　　　王京涛　刘　翾　高　蕊　潘　越

统筹策划	卢　璐	
责任编辑	刘　翾　许西安　高　蕊	
出　　版	国防工业出版社　江苏凤凰教育出版社	
发　　行	国防工业出版社　江苏凤凰教育发展有限公司	
印　　刷	北京龙世杰印刷有限公司	
开　　本	710mm × 1000mm　1/16	
印　　张	5	
版　　次	2022 年 9 月第 1 版第 1 次印刷	
印　　数	1—10000 册	
定　　价	19.00 元	

科学家的话

同学们，你们一定在电影、电视或其他的文学作品里，听说过北斗的名字吧？

北斗，由夜空中的北方七颗亮星组成，又叫北斗七星，属于大熊星座。利用北斗七星，人们能轻松地找到高挂星空的北极星，从而找到北方，辨别出方向，为行路、航海创造有利条件。这就是古老的天文导航，是我国先哲的伟大发现之一，曾经领先于世界，是所有中国人的骄傲。因此，我国自行研制和建设的卫星导航系统就借用大名鼎鼎的北斗，用"北斗"来冠名。

现在，北斗卫星导航系统已经建设成功，北斗不但在很多专业领域发挥着巨大作用，而且还走进了千家万户，来到了我们身边，成为我们生活依赖和仰仗的对象。

北斗系统凝聚了所有参与研制的科学家、工程师以及无数北斗人的智慧和汗水，目前是世界上四大全球卫星导航系统之一，在性能上首屈一指，值得我们所有中国人为之自豪。

为了让同学们了解北斗系统，更加亲近北斗，更好地运用北斗,让我们的生活变得更加美好,编写组用此书揭示北斗卫星导航系统的秘密,向读者展示北斗的神奇之处。

本书分成四个单元,共十四课。其中,前三个单元分别介绍卫星导航与北斗的历史、基本原理等,以及北斗卫星导航系统的应用,最后一个单元介绍科技工作者的艰辛创造,展现北斗人不屈不挠、开拓进取的伟大精神。在每一课中,我们不但用大家喜欢的方式展开,如说故事、讲知识、与书互动,还请来了"北北"同学作为向导,带领大家在北斗的天空遨游。

希望你喜欢这本书,更希望你爱上我们的北斗,与它互为终身相伴的好友!

第一单元　导航知多少 ……………………………… 1

第一课　走进导航 ……………………………………… 2
第二课　导航的前世今生 ……………………………… 6
第三课　导航原理大揭秘 ……………………………… 11

第二单元　北斗知多少 ……………………………… 15

第一课　北斗成长史 …………………………………… 16
第二课　北斗如何工作 ………………………………… 21
第三课　与众不同的北斗 ……………………………… 27

第三单元　北斗显神通 ……………………………… 31

第一课　定位救援 ……………………………………… 32
第二课　智慧导航 ……………………………………… 37
第三课　北斗授时 ……………………………………… 42

第四课　应用畅想 ……………………………………… 46

第四单元　新时代北斗精神 ……………………………… 51

第一课　首获占"频"之胜 …………………………… 52
第二课　攻克无"钟"之困 …………………………… 57
第三课　消除缺"芯"之忧 …………………………… 62
第四课　解决布"站"之难 …………………………… 67

第一单元　导航知多少

观星辨向、观星授时、磁石司南、牵星过海……导航带领我们踏上了认识精彩世界的征程。从无线电的产生发展到如今全球卫星导航技术的蓬勃，日新月异的导航技术正推动着人类走向共同繁荣。

第一课 走进导航

北北有话说： 哲学中有三个经典问题：我是谁？我从哪里来？我到哪里去？也许我们对于人类的起源还没有完全了解，无法准确地说清"我是谁"，但是在日常生活中，借助各种各样的导航定位技术，我们可以非常肯定地回答"我从哪里来，我要到哪里去"。

"妈妈，你注意到了没有，咱们家门前树上的小鸟一家又回来了！"北北指着窗外的一棵树对妈妈说。

"春天来了，小鸟就飞回来了。"

"小鸟怎么知道回家的路呢？"

"它们可

以借助地球磁场回家呀。"妈妈回答北北。

"那我们比它们厉害,我们可以用导航呀。爸爸妈妈,以前没有卫星导航的时候你们是怎么找路的呢?"

"以前没有导航的时候,我们出远门之前都需要买张地图提前做准备,或者通过不断地询问才能到达目的地。"妈妈笑着说。

"如今有了卫星导航,我们出门可就方便多了。导航可以为我们提供全方位的服务,比如:使用地图查询功能,不仅可以在手机上搜索到目的地的具体位置,还可以查询目的地附近的超市、游乐场、学校等信息。除此以外,它还有路线规划功能,我们可以在手机导航中输入我们现在

的位置以及准备要去的目的地，导航会根据我们的要求，为我们规划最近或者最省时的路线。"

"我记得有一次爸爸没有按照导航规划的路线行驶，导航又重新为我们规划了路线呢。"

"没错，当我们走错路时，导航会根据我们当前的位置，重新规划路线，帮助我们准确到达目的地。"在一旁的爸爸笑着说。

在与爸爸妈妈的讨论中，北北了解到了导航就在我们身边，它发挥着不可或缺的作用。

 知识拓展：卫星导航是如何协管交通的?

现在很多导航仪对每条道路的拥堵、维修等情况了如指掌，这是怎么实现的呢？

其实，交通管理系统中的电子眼并不只是用来抓违章，还可以用来拍摄路面情况，并及时上报给交通管理中心。借助数据分析和传送、接收信息，我们的导航仪就可以及时地告诉我们路况了。

同时，导航仪还可采集并上传车辆的位置、速度、车流等信息到交通管理中心，经过分析后，服务器再把加载地图的路况信息发送给导航仪，形象化表现前方路况。

举例来说，当交通管理中心发现大量用户在某个路段缓慢行驶时，这个路段的路况就被定义为拥堵，而当该路段的车辆开始按照正常车速行驶时，路况则更改为通畅。

在我们的日常生活中，很多地方都需要导航。想一想：还有哪些地方用到了导航，它们都发挥着怎样的作用？

_____

_____

_____

第二课　导航的前世今生

北北有话说： 从观星到使用磁针辨别方向，再到利用导航卫星随时随地获取精准位置，从古至今，导航都在我们的生活中发挥着不可替代的作用。

一天吃完饭后，北北被一本书的内容逗得前仰后合，爸爸好奇地问："北北，你在干什么呢？"

北北回答爸爸说："我在看故事书呢，故事讲的是一个古代的小孩在森林里迷路后发生的各种有趣的事。"

爸爸笑着说："北

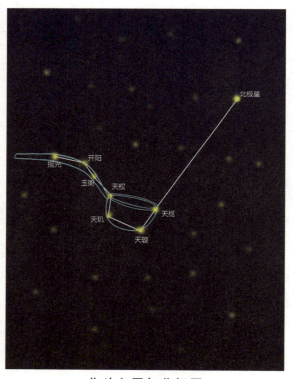

北斗七星与北极星

北，你要是在古代肯定也'找不到北'。"

"爸爸，这是为什么呢？"北北好奇地问。

"因为古代的导航可不像今天这么发达。在没有路牌的地方，出门就得依靠日月星辰、山川河流、树木房屋等物体来辨别方向。"

"那爸爸你能给我讲讲导航是怎样一步步发展起来的吗？"

"提到导航我们还要从航海开始讲起。在指南针还没有发明之前，人们远洋航行时面临一个非常严重的问题：在茫茫的大海上，船该如何确定方位呢？经过一定的航海经验的积累，人们学会了通过观测太阳、月亮、星星的位置来确定方位。比如根据'北斗七星'的指向找到北极星，从而确定北方。这种方式算是最早的天文导航。"

爸爸接着说道："天文导航不受地理条件的限制，但是如果遇到星星被遮挡的阴雨天，人们就无法找到正确航向了。我国古代劳动人民利用磁体南极总是指向南方的特性，发明了指南针，突破了气候条件的限制。后来又根据同样的原理发明了罗盘。这样，人们依靠指南针或者罗盘就可以判断方向了。"

北北津津有味地听着爸爸的讲述，并向爸爸提出了这样的一个问题："那么，后来卫星导航是怎么出现的呢？"

"这就要从19世纪初无线电技术的兴起开始说起了，

它受天气的影响较小，全天候地接收、发射信号，为现代导航技术的出现奠定了基础。1958年，美国科学家在追踪苏联第一颗人造卫星时，意外地发现利用多普勒效应可以确定卫星的轨道，同年，美国海军就开始利用多普勒效应原理研究多普勒卫星导航系统，并给它命名为'子午仪'，主要应用于海军卫星导航系统，1960年4月，美国成功发射了世界上第一颗导航卫星'子午仪—1B'，开辟了人类运用卫星导航技术的新篇章。但是，'子午仪'作为第一代导航卫星，在应用上还存在缺陷，它并不像今天美国的全球定位系统那样可以为我们提供实时定位，而是每隔

一个半小时提供一次定位服务。"

"'子午仪'的定位速度实在太慢了。那么,后来是如何改进的呢?"

"随着技术的发展,美国经过不断地尝试和改进,研制出了现在的全球定位系统(GPS),发射的卫星越来越多,定位能力也越来越强,并在1993年实现全球覆盖。随后,各国逐渐认识到了卫星导航系统所发挥的巨大作用,纷纷开始建造属于自己的卫星导航系统。"

"后来,相继出现了俄罗斯的格洛纳斯卫星导航系统、中国的北斗卫星导航系统和欧盟的伽利略卫星导航系统。"

"没错,这就是从恒星体导航到卫星导航的发展。"爸爸肯定地说道。

"还是在有卫星导航的今天更方便。"北北感慨道。

"是呀,你看,如今无论你外出去哪儿都可以运用卫星导航了。"爸爸补充道。

 知识拓展:中国古代四大发明之———指南针

指南针是中国人的伟大发明,关于指南针发明的记载可以追溯到约公元前475年至公元前221年。大约在春秋战国时期,中国人就发现了磁石以及它吸铁的特性。《韩非子·有度篇》有记载"先王立司南以端朝夕",即周王用指南针辨别四方,这里就说明了指南针的用途。

 名词解释

无线电: 在自由空间(包括空气与真空)内传播的电磁波,具有反射、折射、衍射、偏振等性质。19世纪60年代,英国人麦克斯韦从理论上推测到电磁波的存在,19世纪80年代,德国人赫兹首先发现并验证了电磁波的存在。

多普勒效应: 为纪念奥地利物理学家及数学家克里斯琴·约翰·多普勒而命名,是指主物体辐射的波长因为波源和观测者的相对运动而产生变化,所有波动现象都存在多普勒效应。

 如果你生活在古代,除了利用"北斗七星"找北极星和利用指南针,你还可以利用哪些方法来辨别方向呢?

_____

_____

_____

第三课　导航原理大揭秘

北北有话说： 根据"三球交汇"原理，一般有三颗导航卫星就可以确定我们的位置，由于时间需要校准，这就需要至少四颗卫星计算位置信息。卫星越多，所得到的位置信息就越准确。

今天周六，爸爸妈妈开车带北北去科技馆玩，北北开心极了。

北北看到爸爸驾车时用汽车导航仪规划路线和指路，好奇地问爸爸："为什么我们用导航仪就可以使用卫星导航系统，这是什么工作原理呢？"

"这个原理并不难，国际上的四大卫星导航系统也都是根据同一种定位原理进行设计的。"

来到科技馆，爸爸指着一段文字，"看，科技馆墙上的卫星工作原理说明告诉了我们答案。"

北北看着介绍读了起来："卫星可以保持在精确的轨道上运动，这就是卫星导航的前提，每颗卫星的位置其实是已知的,在卫星发射信号后,用户终端(我们的手机或者接收机)自动接收信号,并且测出与卫星的距离。但是距离不等于位置,只有一颗卫星还无法确定我们究竟位于地球上哪个位置,因此还需要其他卫星的帮助。用户终端利用同时测量出的用户到四颗以上卫星的距离,结合所用卫星的已知空间位置,再利用距离交会法就能解算出用户终端的位置并显示出来。"

为了让北北更加明白其中的原理,爸爸画了一个示意图:"看,距离不一样吧,这就是交汇点,也就是我们的位置。"

"原来如此。"北北点了点头。

"我们知道测量卫星到导航仪的距离是利用导航信号在空间传播的时间乘上它的传播速度得出的,但是我们地面的手机或者接收机的时钟与卫星上的时钟并不是同步的,所以我们为了计算卫星和地面的时间差需要引入第四

颗卫星。"爸爸补充道。

"如果我们头顶上有五颗、六颗、七颗卫星是不是会更加准确呢？"北北摸着小脑袋说道。

"没错，就像你在数学上遇到难题时，如果自己一个人思考，有时候答案并不正确，但是如果喊来其他四五个同学一起思考，那么，大家就会更容易得到正确的答案。"

"原来是这样啊！"北北恍然大悟地说道。

在参观完科技馆后，北北对卫星导航越来越着迷了。在他看来，关于卫星导航的学问可真像天上的星星一样数也数不过来呢！

 知识拓展：北斗三号卫星轨道

北斗三号全球星座由地球静止轨道（GEO）、倾斜地球同步轨道（IGSO）、中圆地球轨道（MEO）三种轨道卫星组成。

地球静止轨道（GEO）卫星被称为"吉星"，位于距地球35786千米、与赤道平行且倾角为0°的轨道。因其运动周期与地球自转周期相同，相对地面保持静止，所以称作地球静止轨道卫星。

倾斜地球同步轨道（IGSO）卫星被称为"爱星"，与GEO卫星轨道高度相同，运行周期也与地球自转周期相同，但其运行轨道面与赤道面有一定夹角，所以称作倾斜同步轨道卫星。它善于协作，是覆盖固定区域的中坚力量。

中圆地球轨道（MEO）卫星被称为"萌星"，全球卫星导航系统星座多由MEO卫星组成，运行轨道在约21500千米的高度，轨道具有全球运行、全球覆盖的特点。

互动空间

结合三星定位原理，想一想为什么现实之中至少要用四颗卫星来导航。

_____
_____
_____

第二单元　北斗知多少

　　北斗卫星导航系统是我国立足于国家安全和经济社会发展的需要，自主建设运行的全球卫星导航系统。从依赖进口，到北斗三号卫星的核心元器件全部国产化，我国北斗从奋起直追到并跑超越，短短二十余年，实现了"中国速度"。

我们的北斗（插图版）

第一课　北斗成长史

> **北北有话说**：卫星导航系统可以提供给我们精准的时间和空间信息，这对国家和个人来说都十分重要。可以说，卫星导航系统是"国之重器"，自己拥有才有底气。我们的卫星导航系统有个好听响亮的名字，叫作"北斗"。

"爸爸，昨天我们几个同学在阅读室读《孙子兵法》，里面有个词叫'借势'，当时我们不明白，专门请教了老师，老师告诉我们'借势'的意思是借助别人的力量来完成自己的事。"

"老师说的没错。"

"可是我今天在思考一个问题，就是美国的全球定位系统在北斗卫星导航系统建立之前占据着优势，我们可以借助美国的全球定位系统，为什么还要建造自己的卫星导航系统呢？"

"《孙子兵法》这本书还告诉我们要'知己知彼，百战不殆'。虽然美国的全球定位系统对全世界人民来说是个福音,但是在国家安全方面确实是一个很大的安全隐患。如果有一天全球定位系统被其他国家控制关闭了,那我们岂不处于被动地位了?"

"这也太可怕了!"

"爸爸给你讲个故事。海湾战争是一场高科技战争,虽然当时美国只发射了15颗卫星,但是通过全球定位系统技术实现了精确制导,美国很快拥有了战争的主导权,并最后成为这场战争的大赢家。这让我们意识到高科技与信息化对于国家安全的重要性,也让我们坚定了发展属于自己的卫星导航系统的决心。"

爸爸又道:"我国北斗卫星导航系统的建设实施了'三

步走'计划,你知道是哪三步吗?"

"这个我知道,我前几天在一本介绍北斗系统的书上阅读过这样的内容。"北北举着小手激动地对爸爸说。

"那小老师,你来告诉我,北斗卫星导航系统建设是怎样分'三步'走的吧!"

北北开始声情并茂地讲述起来:"那时候我们国力很弱,只能慢慢来。我们的科学家们自强不息,废寝忘食地研究北斗卫星导航系统。

'三步走'是这三步:

第一步是建设北斗一号系统。1994年,正式启动北斗一号系统工程建设,到2000年时,发射了两颗地球静止轨道卫星,可以为我国及周边的用户提供定位、授时和短报文通信等服务。

第二步是建设北斗二号系统。2004年,我国正式启动这项工程建设,2012年时完成了14颗卫星发射组网,开始为亚太地区的用户提供定位、导航、测速、短报文通信和授时服务。"

"第三步是……"北北摸着小脑瓜一时想不起来了。

爸爸补充说:"在2009年,我们开始启动北斗三号系统建设。在2018年完成了19颗卫星发射组网,初步建成了基本系统,开始为全球用户提供初始定位、导航、授时服务。2020年7月31日,中国向全世界宣布,北斗三号

全球卫星导航系统正式开通,这也代表着我国北斗三号全球卫星导航系统正式建成。"

"研究北斗卫星导航系统的科技工作者实在太不容易了!"北北感叹道。

"是的,我们的北斗不仅是中国的,也是世界的,将为全球用户提供稳定、可靠、优质的导航服务!"

 知识拓展:北斗标志的寓意

北斗卫星导航系统的标志主要由三部分组成。最上方为我国古代人民在夜晚用来辨别方向的"北斗七星",司南下面的网格状球形代表着经纬交织的地球,中间是战国时期就开始使用的司南。整体的圆形结构象征"圆满",与太

极阴阳共同蕴含了中国传统文化。这些符号的融合既彰显出中国古代的科学技术成就，又寓意着卫星导航系统星地一体，同时，网格状的地球和中英文的文字标识象征着北斗系统开放兼容、服务全球的愿景。

陈芳允院士"一星多用"的巧妙设想为中国卫星导航建设拉开帷幕；孙家栋院士带领的北斗团队提出了具有中国特色的"先试验、后区域、再全球"的三步走发展道路，一代代北斗人薪火相传，见证了北斗从无到有，从弱到强的奇迹，查一查资料，了解一下北斗人的事迹。

_____

_____

第二课　北斗如何工作

北北有话说： 北斗卫星导航系统是怎么工作的呢？那要得益于北斗"三兄弟"的协作。一个是"高大上"的空间卫星系统；一个是"运筹帷幄"的地面控制系统；还有一个就是"接地气"的用户终端系统。

"爸爸，快来帮帮我，我一点思路都没有。"北北愁眉苦脸地说。

"做作业遇到什么困难了吗？"爸爸关心地问。

"今天老师给我们布置的作文题目叫《发现身边的科技》，我不知道该如何下笔。"

"你想写什么呢？"

"我对北斗卫星导航系统最着迷，我就写它吧，可是该从哪儿写起呢？"北北犯了难。

爸爸听后微笑着引导北北说："一个篱笆三个桩，一个好汉三个帮！北斗卫星导航系统要想仗剑走天涯，还得

我们的北斗（插图版）

三兄弟来帮忙！"

北北被爸爸的这一段话逗乐了，他问道："爸爸，三兄弟是谁呀？"

"我觉得你可以多查阅一下资料！"说着，爸爸打开电脑为北北整理了相关资料，并给了北北几本关于北斗卫星导航系统介绍的书籍。北北津津有味地看了起来。

大约过了一个小时，北北根据阅读过的资料写出了这样一篇小作文。

发现身边的科技

北斗卫星导航系统与我们的生活息息相关，它无时无刻不在帮助着我们，比如：出门要用到北斗导航，快递运输需要用到北斗导航，还有救援也需要北斗导航的帮助。

今天我就为大家介绍隐藏在我们身边的科技——北斗卫星导航系统。

北斗卫星导航系统是由空间段、地面段、用户段三部分组成。

空间段由若干地球静止轨道卫星、倾斜地球同步轨道卫星和中圆地球轨道卫星组成，它们组成了"卫星天团"。

地面段包括主控站、注入站和监测站等若干地面站，它们是确保天上卫星正常工作的强大后盾。

主控站在北斗卫星导航系统中扮演着"心脏"和"大脑"的角色，它工作可忙了。比如，收集监测站采集到的卫星信号和各类数据，以此推算卫星轨道、工作状态、卫星原子钟和电离层延迟模型等参数，并将生成的信息传到注入站。此外，主控站还具有定位、授时、短报文通信的集中处理等功能。

如果把卫星比作风筝，那么注入站就是"线"，空中的风筝在空中飞一段时间后，就需要利用地面的"线"校准它的位置，以确保风筝继续正常飞翔。注入站在接收到主控站发送过来的导航电文和指令后，再将这些信息注入到卫星的存储系统中，同时，它还可以检测注入信息是否正确。

监测站是卫星导航系统的"眼睛"和"耳朵"，它承担了导航卫星信号采集与监测功能，实时观察和监听卫星的一举一动。

而用户段则不难理解了，包括各类用户接收机，是我们使用卫星导航系统的最直接工具。

我们的北斗（插图版）

爸爸看了一眼北北的作文，笑着指导北北说："你应该再写一写空间段、地面段和用户段之间是如何配合工作的，这样作文才更加精彩。"

北北觉得这是一个好主意，于是在作文中又补充了下面一段文字：

那么，空间段、地面段和用户段之间是如何配合工作的呢？

这就不得不提主要用于定位的卫星无线电导航业务——RNSS服务，它能够自行测量出与至少四颗卫星的距离，从而告知我们位置。我们知道，轨道上的卫星无时无刻不在发送着导航信号，当我们的手机开启定位功能时，通过卫星导航RNSS服务，手机就可以接收到这些信号，计算出我们和卫星之间的距离，从而完成定位。在定位过程中，任何一个环节的出错，都可能导致定位误差变大甚至定位结果完全错误。因此，地面段会对卫星导航系统进行全天候的跟踪和监测，并不断发送导航电文等修正信息，确保系统正常工作。在整个定位过程中，"三兄弟"形成了良好的配合，确保我们可以便捷可靠地使用定位功能。

北北将写完的作文拿给爸爸看,爸爸称赞北北说:"你这篇作文写得真不错。"

第二天,北北把作文带到学校去,老师给他评了个优,并读给了全班同学听,同学们都觉得北北真是一个善于学习的"北斗小天才"。

北北高兴极了!

 知识拓展:退役的北斗卫星是否会成为太空垃圾呢?

卫星都是有寿命的,也就是说,在它们正常工作达到一定的年限后就会退役。

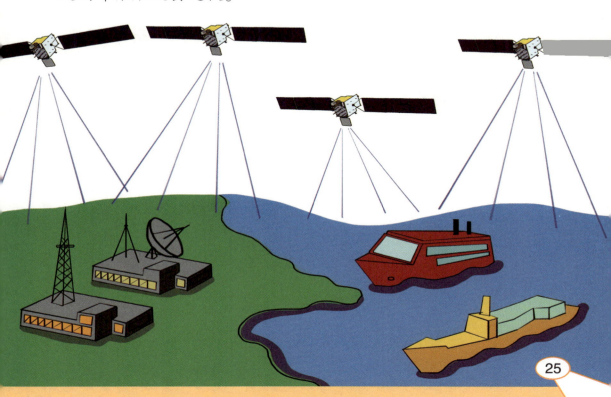

那么，该如何处理退役后的卫星呢？

正常情况下会采取下面两种方式：

第一种是"火葬"，指的是退役卫星减速下降，与地球上的大气层剧烈摩擦后产生高温，最后被烧灼殆尽，让灰烬回落地球。而对于不能充分燃烧的卫星，则在地面指挥中心的帮助下，使其降落到地球上荒无人烟的地方或者广阔的海洋里。

第二种是"天葬"，指的是即将退役的卫星上升到"坟墓轨道"，因为那里的高度足够高，卫星也非常稀少，从而保证了不会对运行中的其他同步卫星造成影响。

思考一下，如果北斗"三兄弟"少了一个，会出现什么情况？

_____
_____
_____

第三课　与众不同的北斗

北北有话说： 虽然美国建造全球定位系统的时间早，但是我们的北斗卫星导航系统作为后起之秀，具有另外三大全球卫星导航系统所不具备的一些特点和优势。这也是北斗卫星导航系统被国际认可的重要原因。

"我在阅读《徐霞客游记》，内容实在太精彩了！等放假的时候，我也要出去走走，成为中国第二个徐霞客！"

我们的北斗Ⅲ（插图版）

北北十分憧憬地说。

爸爸十分赞同北北所说的多出去走走的想法，鼓励北北说："'读万卷书，行万里路'，爸爸支持你。不过在旅途中，不能走马观花，还要有所记录。徐霞客一生志在四方，耗时31年，游遍了大半个中国，把见过的各种现象、人文、地理以及动植物等都记录在了《徐霞客游记》一书里，这可是中国地理名著呢，为我国的地理研究做出了很大的贡献！"

北北听到这儿，摸着小脑瓜说："如果徐霞客有一部手机终端，它连接北斗卫星导航系统，那么，相信他可以走遍全中国，甚至可以走出国门呢！"

妈妈笑着对北北说："那我考考你，你觉得北斗卫星导航系统有什么特点，为什么你觉得它可以帮助徐霞客呢？"

"这是个好问题。"爸爸附和着妈

妈说道。

"这，这可难倒我了。"北北磕磕绊绊地说道。

"来，让我们查阅一下资料吧。"说着妈妈便从书架上拿出了一本书，通过父母的陪伴阅读和解答，北北觉得北斗卫星导航系统完全可以帮助徐霞客从中国走向全世界。

第一，北斗卫星导航系统可以快速定位，为服务区域内的用户提供全天候、全天时的定位和导航服务。所以不管徐霞客在哪里，不管他什么时间出发或是到达，都可以借助北斗卫星导航系统的帮助，实现畅游无忧。

第二，北斗卫星导航系统拥有独特的短报文通信功能，这是北斗的特点，也是区别于世界其他三大全球卫星导航系统的优势。如果徐霞客携带美国的全球定位系统设备去无人无信号的沙漠，徐霞客可以在全球定位系统设备上看到自己的具体位置，但是却不能与外界联系，无法发出求救信号。而在北斗设备上，不仅能看到自己的具体位置，还能向外发送短信：我是徐霞客，被困在某沙漠的某位置，请求支援……

"我觉得北斗还有一个优势就是安全，只有依靠我们自己的力量建设的北斗卫星导航系统才更加安全可靠。"

对于北北的回答，爸爸妈妈满意地点了点头。

知识拓展：什么是有源和无源定位

　　北斗专家对于"有源"定位和"无源"定位曾给出一个形象的解释：使用"无源"定位时，接收机就像收音机，只接收卫星信号，但并不向外发送信号。而使用"有源"定位时，接收机就像对讲机，不仅可以接收信号还可以发送信号。孙家栋院士说，中国的北斗卫星导航系统将"有源"和"无源"定位技术巧妙地结合起来，可以最大限度地发挥它的作用，这是中国北斗卫星导航系统的优势和亮点。

目前全球在轨人造卫星数量已达到2600余颗，想一想，查一查：这些卫星们会像马路上的汽车一样发生碰撞吗？

_____

_____

_____

第三单元　北斗显神通

北斗卫星导航系统自提供服务以来，已在交通、农业、电力、救灾、通信等领域广泛应用并发挥着巨大作用。北斗卫星导航系统极大地改变了我们的生产生活方式，并为全球科技、经济和社会发展贡献着力量。

第一课　定位救援

北北有话说： 北斗卫星导航系统的应用远超乎我们的想象，有了北斗，只有想不到，没有做不到。野外探险者利用北斗来计时和指明方向，北斗时刻保护着他们的安全；发生地震时，救援人员通过北斗定位和短报文通信功能开展及时救援……北斗卫星看似距离我们很远，却时时刻刻对我们的生活产生着深刻的影响！

周六早上，北北津津有味地捧着一本书读，爸爸走过来问："北北，在阅读什么书籍呢？"

"我在阅读一本关于地震与救援的书籍，书中讲述了很多救援故事。"

"都有哪些救援故事呢？可以跟爸爸分享一下吗？"

"其中有一个令我印象深刻的故事：2008年5月12日，汶川地震发生后，因为地面通信设施被完全毁坏，灾区成了一座与外界失去联系的孤岛。在这种情况下，北斗卫星导航系统依然可以对灾区进行定位，为救援和救灾物资输送等提供导航服务。而且，最先到达灾区的救援人员还借助北斗短报文通信功能将受灾情况及时地发送给了救援指挥部，为营救灾民赢得了宝贵的时间。"

"的确，北斗卫星导航系统在汶川救援中立下了大功！除了应用于灾害救援外，北斗如今还被广泛地应用于渔业！"

"噢？这是怎么一回事呢？"北北好奇地问爸爸。

"以前海洋捕捞业被称为'高危行业'，渔船一旦发生事故，往往由于无法向岸上的救援队伍提供精确的位置，增加了海上救援的难度。现在有了北斗船载终端的帮助，就可以迅速派遣救援队伍根据定位信息进行救援，从而降低救援难度。"在手机信号覆盖不到的海域，不管船开得有多远，在北

北斗为渔船保驾护航！

斗短报文通信服务的帮助下,渔民都可以向家人报平安。北斗船载终端还具备一键报警功能,这提高了渔民出海的安全性。而渔业安全生产通信指挥系统则借助北斗卫星导航系统的定位功能,可以通过不断回传的位置信息,了解到每一艘渔船在出海后的具体位置。如果遇到危险情况,渔业安全生产部门就能及时组织救援,为渔民的安全保驾护航。"

"北斗真是神通广大!"北北由衷地说道。

"我们的北斗卫星导航系统不仅能下海,还能上山!"爸爸骄傲地对北北说。

"这又是怎么一回事呢?"北北好奇地问爸爸。

"这得从森林防火、救援说起。当护林员发现森林起火时,可以通过北斗终端上报火情和具体位置。消

防接警系统和消防车上也配备了北斗终端，借助北斗，消防员可以在第一时间确定报警人的位置，研判火情，快速圈定森林火场范围和明确火势。另外，北斗系统还可以为消防员提供到达现场的最短距离，制定最佳灭火路线。"

爸爸接着道，"这个过程省去了利用电话或者对讲机反复沟通的过程，从而节省了时间，提高了灭火效率。以咱们之前去过的泰山为例，泰山就利用北斗系统建立了智慧泰山综合管理体系，它不仅涵盖管理的方方面面，还可以通过北斗系统的定位功能实现火灾扑救全程智能化和可视化。"

"爸爸，可利用北斗系统的领域真是太多了！"

 知识拓展：北斗在地质灾害方面的预警作用

一般来说，地震发生前地表必有一些变化。在全国多个监测站点安装北斗高精度监测设备，就可以构建起北斗监测网络。通过监测地表位移变化，根据地震的变化规律，就可为地震预报、报警提供科学依据。这就像给人做心电图时，在心脏周边、手臂、脚踝等身体部位安上感受器，采集心脏跳动的电信号一样。

此外，北斗系统还能对滑坡、泥石流、地裂缝、地面塌陷等地质灾害进行及时监测，为预报多种自然灾害提供准确的信息。

除了救援，北斗系统的短报文通信功能还可以在哪些领域发挥重要作用？

_____
_____

第二课　智慧导航

北北有话说： 导航功能是北斗系统最基础的功能。在交通运输方面，北斗系统可为车辆提供实时的位置、车速、行车时间以及路线等信息。除此之外，我们还可以将导航功能应用在新的领域！

"北北，过来看一下，这是什么？"爸爸向北北展示了一个手机视频。

"我看看。"北北跑到爸爸身边，好奇地看着视频画面：一台没有驾驶员的插秧机正来回地在田间作业。它栽种的

秧苗不仅笔直而且有序,每次只需十分钟就能完成一亩地的插秧作业。

"这也太神奇了!可它没有操作人员操作,是怎么工作的呢?"北北不解地问。

"这款智能无人驾驶插秧机应用了北斗定位导航技术。插秧之前,只需在需要种植的土地四周定位,并在遥控设备里输入数据就能实现插秧机的自动驾驶。在这个过程中,插秧机会根据输入的数据信息,自动规划好田间作业的方向和路线,不管前进还是转弯都能完美地做到,堪称插秧'神器'。"

"真不错,农民伯伯种地变得轻松多了。"北北赞叹道。

"你看,这个无人机不仅会播种,还能在田地里铺膜呢!"爸爸又播放了一条视频给北北看。

"也是跟插秧机一样的原理吗?"

"没错,只需设定好线路和地块数据,插秧机每天可以完成100亩的工作量,而且因为作业精准,还可以提高每亩的出苗率,降低损耗,提高农民伯伯的收益。"

"原来北斗系统在农业上也能帮上忙,这实在超乎想象。"

"不仅农业,北斗无人机还能在电力行业大显身手。"

"这又是怎么一回事呢?"

"它可以精准又快速地查找到电网的故障点,还可以代替人工进行常规的巡视，减轻工作者的劳动强度，提高巡查的效率。"

"看，爸爸，这是因为无人机可以飞起来。"北北和爸爸正在看另一段视频。

"是的，无人机应用于电力线路巡查时，不受崇山峻岭、河流密布等复杂地形的限制。它上面装有高清摄像设备，可以对线路的故障点进行实时定位，地面控制人员在观测到无人机回传实况后，可以及时地排除电力隐患，保障供电系统的正常运行，使工作变得事半功倍。"

"北斗无人机在防疫方面也为我们做出了巨大贡献！"爸爸又点开了一条新闻，这是北斗无人机助力抗疫消毒的故事。

北北看到后，大声地阅读了起来：

北斗抗疫显身手

我们的北斗（插图版）

突然来袭的新型冠状病毒肺炎疫情在全国蔓延开来，作为国家重器的北斗卫星导航系统在以往重大灾害中都立下了赫赫战功，如今，它在抗击疫情保卫健康方面同样发挥着不可或缺的作用。

新冠病毒具有"人传人"的特点，稍有不慎就会造成交叉感染。但是消毒防疫工作，又不能离开多人协作。在既满足人员不聚集又能杀毒的前提下，北斗无人机就派上了用场。依托北斗厘米级别的导航定位功能，可以在短时间内实现数万平方的消毒工作，同时避免了喷洒不均匀所引起的安全问题。另外，基于北斗高精度定位的各类无人机可以到达防疫工作人员无法到达的地方，进行不漏任何死角的全面消毒，实现"精准抗疫"。

"读了这条新闻，你想到了什么呢？"

"北斗卫星导航系统真棒！北斗无人机真是一个防疫好助手！"北北伸出了大拇指为北斗无人机点赞。

知识拓展：卫星导航系统可以在月球上发挥功能吗？

为了实现重返月球的目标，美国国家航空航天局曾经验证过"月球导航"的合理性。他们表示月球上也可以接收到地球轨道上的全球定位系统卫星信号，定位精度在200米至300米。

在月球上也能收到导航信号？这到底是不是真的呢？当然是真的啦。

我们知道，导航卫星是对着地球发射信号波束的，如果想在月球上接收到导航信号，那么，卫星、月球和地球一定满足一定的位置关系。

我们可以想象这样的一幅画面：将导航卫星当作一盏灯，从地球"前面"发出圆锥形光束照向地球，那么，在月球运行到地球斜后方的一定位置时，就会被漏出来的光照射到，就能让月球"沾光"了。只不过不足以帮助月球上的探测器像在地球上那样精确导航。

深圳、长沙、郑州等城市都出现了无人驾驶公交，那么这些自动驾驶的车辆是如何实现精准行驶和停靠的呢？

_____

_____

第三课　北斗授时

> **北北有话说：**"授时"是为了在一个范围内明确一个标准时间。从古至今，随着科技的进步，授时技术也在不断发展。授时功能是北斗系统的基本功能之一。

"爸爸，我在阅读课外书的时候遇到了'晨钟暮鼓'这个词语，是什么意思呢？"

"晨钟暮鼓是古代的一种授时方式。"爸爸回答。

"授时的意思我知道，简单来说就是告诉我们时间。"

"爸爸来考考你，还记得北斗卫星导航系统是如何授时的吗？"

"这个难不倒我，一共分三个步骤。第一步找出一个标准的时间，第二步读取当前的时间，第三步就是加减校对。我们的新闻联播校时就是依据了北斗系统授时功能。"

爸爸点了点头，补充说道："你所了解的这三步是最

简单、最基础的。

其实,北斗卫星上搭载着高精度原子钟给地面北斗信号接收机连续发送带有时间和位置信息的无线电信号。接收机接收信息,再结合接收机的空间位置,通过计算,就能够实现授时功能了。"

"那么,为什么我们要减小时间误差呢?"

"以电网为例,当一条100千米的500千伏输电线路的两端电压基准误差为0.1毫秒时,就可能产生27万千瓦的功率差,这个差值接近30多万户城镇三口之家的平均用电。"

"北北,那你来想象一下,

如果时间不准，会产生什么后果。"

"电视节目就无法准时播出了，飞机也会因为时间混乱而不能准点到达……"北北一一列举着时间不准的影响。

"所以这更加说明了北斗授时的重要性。"

北北若有所思地点了点头，又问道："我们知道北斗卫星上搭载原子钟，但是如果哪天原子钟不准了该怎么办呢？"

"'失之一毫，差之千里'，那时候可能会造成全球交通、金融以及通信网络的瘫痪吧。不过原子钟的精度目前能达到每三百万年只差一秒，跟咱们平常理解的手表误差不可同日而语呢！"

误差0.1毫秒时，就可能产生27万千瓦的功率差，这个差值接近30多万户城镇三口之家的平均用电。

知识拓展：北斗智能可穿戴设备

可穿戴设备是一种便携式设备，它可以直接穿在身上或是整合到衣服配件中。目前常见的可穿戴设备有智能眼镜、智能手表、智能手环等，它们通过软件支持以及数据交互、云端交互来实现更强大的功能。

2011年1月18日，第一只北斗卫星手表诞生。除了包含卫星手表普遍具备的自动校时、定位等功能，它集高度计、指南针、气压计、天气预测等多种功能于一身。北斗系统为保护儿童安全，还推广了儿童定位鞋子、防走失定位器等产品。北斗可穿戴设备正在极大地改变人们的生活方式。

 你知道"北京时间"是怎么来的吗？如果卫星授时差1秒，将会产生怎样的后果？

_____

_____

第四课　应用畅想

北北有话说： 近年来，北斗卫星导航系统已广泛应用于交通、公共事业、农业、渔业、救灾减灾、水文监测、天气预报以及通信等领域，并且产生了巨大的经济和社会效益。未来，"北斗+"和"+北斗"融合应用将为全球经济发展和人类幸福注入新的活力。

"爸爸，快来看，这里有一条有趣的帖子。"北北指着电脑对爸爸说。

爸爸走近电脑，看到了小学贴吧里的这样一条帖子：

"大家好，我是生活在西藏草原的小学生，我家有200头牛，50只羊，每次妈妈让我帮忙放羊的时候，羊儿东奔西跑的让我感到特别辛苦，大家有没有什么好主意可以让我们的放牧变得轻松一点？"

"哈哈哈，画面一定特别逗，爸爸，你有什么好主意吗？"

"其实这个问题已经能用北斗系统解决了。"

"这是怎么一回事呢？"

"牧民可以为羊群佩戴北斗定位项圈，然后连接手机，在手机上设置电子围栏，这样在家就可以放牧了。在信号不好的地方，还可以通过北斗系统的短报文通信及时地了解到羊群所在的位置和运动状态。比如，当羊群离开电子围栏时，北斗系统就可以发送信息告知牧民。"

"爸爸，我发现北斗的应用范围实在太广泛了！"

"是的，小到我们出门导航，收取快递，大到救灾减灾，北斗系统早已走进了我们的日常生活。'北斗＋行业'，可以将北斗系统的功能发挥到无限大，简而言之，北斗应

用只受限于想象力。"

"那爸爸说一个'北斗+交通'的组合应用吧！"北北对爸爸说道。

"比如依托北斗系统发展起来的智慧公交、智慧出租，还有我国建设的京张高铁，它是世界上第一条智能高铁，可以实现区间自动运行、到站车门打开、自动停车等服务！"

"这实在太棒了！"北北感叹道。

"如果汽车安装北斗系统，就可以收集到汽车的运动轨迹，中途如果出现什么问题便可以第一时间调集数据。"爸爸补充说。

"除此以外，北斗系统还能有什么应用呢？"

爸爸决定考一考北北，问道："北北，你来想一想北斗未来应用的例子吧！"

"如果我使用了北斗系统，那爸爸或许就能知道我下课在哪里玩、放学路上经过哪里、在哪里停留过、停留了多少时间，简直有点可怕。"北北很调皮，他故意做出了一个夸张的表情。

"这个可能会实现。"爸爸笑着说道。

"北斗的想象没有边界啊！"

 知识拓展："北斗＋体育"的应用

"北斗＋体育"是科技强国和体育强国双结合的新道路，北斗精准定位的应用能深度融入体育赛事装备的专业化和科技化。

以户外越野赛和马拉松比赛为例，这一类赛事对定位有严格要求，比如需要对参赛人员进行实时定位、面对突发情况进行应急通信和救援等；再比如，帆船赛、汽车拉力赛等在比赛的前、中、后各环节也对定位有着精确需求。再者，参与此类赛事的人员不仅多而且分散，竞赛地辽阔、偏远或者路况复杂，活动时间易受到各种多变因素的影响。

在这些赛事中用上北斗终端,不但可以解决户外无信号和弱信号地区的数据回传问题,还能提供传统计时方式所无法提供的服务,保证赛事的准确和公平,保障参赛选手的安全。

未来,你觉得北斗卫星导航系统还能广泛应用在哪些领域?

_____

_____

第四单元　新时代北斗精神

参与北斗卫星导航系统研制建设的全体人员迎难而上、敢打硬仗、接续奋斗，发扬"两弹一星"精神，培育了"自主创新、开放融合、万众一心、追求卓越"的新时代北斗精神，要将它传承好、弘扬好。灿烂星空，北斗闪耀。中国"星网"，导航全球。新时代北斗精神，在中国人的心灵深处，铸就闪亮的精神坐标。

第一课　首获占"频"之胜

> **北北有话说：** 2020年6月23日，我国在西昌卫星发射中心用长征三号乙运载火箭发射北斗三号最后一颗组网卫星，北斗卫星导航系统的全球星座部署计划全面完成，从此我国有了属于自己的、独立运行的卫星导航系统。

"爸爸，我在查阅关于北斗资料时，总是会遇到频率这个词。这个词跟北斗有着怎样的关系呢？"

"导航卫星靠无线电波发射和接收信号，无线电波振动的速度就是它的频率。可用于卫星导航的无线电频率范围是有限度的，它对于发展卫星导航事业的国家来说就像石油和水一样，是宝贵的稀缺资源。我们在发展北斗卫星导航系统事业的初期首先遇到的问题就是频率的问题。"

"这是怎么一回事呢？"

爸爸拿过一本书，详细地为北北讲解了起来："在中国北斗卫星导航系统和欧盟伽利略系统发展起来之前，美国的全球定位系统和俄罗斯的格洛纳斯系统已经发展成熟，并且占据了黄金频段。

"当时国际电信联盟规定，申请卫星导航系统频率需要三个步骤：

"第一步，国际电信联盟接受申请，并告知其接受时间，以此时间为基准，申请者必须在7年内使用该频段，否则作废。

"第二步，如果多方申请同一频段，只要各方认为不存在干扰也可共用。

"第三步，申请者在规定时间内使用了该频段并经确认后，便获得了合法使用权。

"当时，中国是在2000年4月16日申请的，而欧盟是在2000年6月5日申请的。由于两者申请的频率高度重叠，申请时间也非常接近，所以竞争非常激烈。

"七年的时间看似很长，但对于必须分秒必争的北斗团队来说却是生死时速。

"时间到了2007年3月下旬，我们正准备发射卫星时，却发现应答机出现了信号异常。作为连接天上和地下的传输设备，不得不去排查解决。如果不解决，卫星可能出现故障，就会失去保住频段的机会。后来，通过研究和协商，团队成员决定取下应答机。经过路途上五个小时的颠簸以及72个小时的奋斗，问题最终得到解决。

"2007年4月16日晚上8点钟,在频段有效期只剩四小时的期限下,我们的卫星开始连续发射信号,最终争取到了这个合法权益,确立了北斗卫星频段的合法地位。"

"真是惊心动魄,北斗团队太不容易了!"

"2012年底,北斗二号已经发射了16颗卫星,并正式服务于亚太地区,而伽利略系统只发射了6颗卫星,北斗已经超越了伽利略系统。在这种情况下,2015年初欧盟接受了中国提出的频段共用理念,中欧的频段之争得到解决。至此,大器晚成的中国北斗,成功登上了世界科技重大工程的创新巅峰。"

"真为北斗感到骄傲！"

"关于北斗研发的故事长着呢，占领频段只是其中一个困难，后面还有重重困难。"

知识拓展：国际电信联盟

"国际电信联盟"（international telecommunication union）创立于1865年，起初是为了促进国际电报网络之间的合作，后来随着无线电的发展，国际电联的职权在不断扩大。如今，国际电联主管全球范围内的信息通信技术事务，负责分配管理全球无线电频谱资源与卫星轨道资源，制定全球电信标准，促进世界电信领域发展。

 "自主创新、开放融合、万众一心、追求卓越"是新时代的北斗精神，它是实现中华民族伟大复兴中国梦的征程中宝贵的精神财富。作为小学生，我们日常生活中该如何弘扬北斗精神？

_____

_____

第二课　攻克无"钟"之困

北北有话说： 原子钟是一种特别的计时器，它是北斗卫星导航系统的心脏。从依靠进口到研制出自己的原子钟，北斗人为之付出了巨大努力。

"北北，忙什么呢？"爸爸对一边翻书、一边又忙着在纸上写写画画的北北说道。

"爸爸，我们今天上了科普课，讲到了北斗卫星导航系统的原子钟，不过因为时间有限，我们并没有完全了解，因此，老师让我们放学回家后查阅资料，详细了解一下关于原子钟的知识。"

"那通过查阅资料，你现在了解了哪些关于原子钟的知识呢？"

"看，这些都是我整理的。"北北得意地将整理出来的资料拿给了爸爸看。

原子钟最初由物理学家创造出来，用于探索宇宙的本质,现在广泛应用于空间研究。星载原子钟可以称之为导航卫星的"心脏",它的性能决定着卫星导航的定位准确度与授时的精度。

"整理的不错。在北斗二号卫星导航系统中,原子钟属于研制难度最大的产品之一,经过科研人员的不断攻关和创新,我们现在研制的原子钟,完全满足导航卫星的使用啦。"爸爸看完后又为北北补充了这一个知识点。

"真令人骄傲!我觉得这背后一定有故事,爸爸快给我讲讲吧!"

"刚开始,我们原子钟技术基础非常薄弱,原子钟产品完全依赖进口。这让北斗研发团队意识到:北斗的关键器部件,一定要百分之百地国产化。核心的东西,一定要掌握在自己的手上。

"2005年5月31日,北斗二号团队下定决心将北斗二号首颗卫星上的原子钟全部改用国产。此时,距离国际电联规定的七年保频时间只剩下了不足两年。时

核心的东西,一定要掌握在自己的手上。

间紧,任务重,在这么短暂的时间内研制出我们自己的符合质量标准的原子钟,是一个巨大的考验。"

"那我们的科研人员是怎样通过这些考验的呢?"

"在研制原子钟的初期,他们就遇到了一系列难题:实验室环境要求高,技术完全被国外垄断,研发过程没有任何经验可以借鉴。虽说团队早有心理准备,但是实际困难还是远超乎他们的预料。但是北斗人没有任何惧怕与退缩,他们鼓足干劲,理头绪,做实验,马不停蹄地调试,大家就像上了发条的钟一样不知疲惫,废寝忘食地投入到了工作之中。"

"他们真的太辛苦了!"

"北斗的研发团队相信,既然六七十年代我们可以造出自己的原子弹,那么也一定可以拥有自己的原子钟。20

个小时的连轴转是北斗人的工作常态。在阶段性测试验收节点前,团队核心成员三天三夜没合眼,在经过反复调整、测试、修改后,团队终于成功研制出符合要求的星载原子钟。"

"中国人终于有了自己的原子钟啦!"北北说道。

"很快,北斗卫星上便批量搭载全部国产化的星载原子钟,并实现'双钟'相互备份,卫星可靠性和在轨寿命大幅提升。可以说,这是中国航天史上浓墨重彩的一笔。"

现在,我们的原子钟技术已经达到国际领先水平,抬头仰望星空,每一个凝聚着航天人心血的原子钟都在宇宙星河里永远闪耀光辉!

 知识拓展:原子钟的分类

原子钟是目前最为精确的计时工具之一,可分为氢原子钟、铷原子钟、铯原子钟等。铷原子钟重量最轻,氢原子钟稳定度高,铯原子钟准确度高,但寿命短。氢原子的重量介于铯原子钟与铷原子钟之间,精度与铯原子钟相当。原子钟直接影响到整个卫星导航系统的整体性能。北斗三号采用的是我国研制的新型高精度铷原子钟和氢原子钟。对比北斗二号卫星星载原子钟,北斗三号的星载原子钟无论在产品体积还是重量方面都大幅降低。北斗三号的星载原子钟稳定度比北斗二号星载铷原子钟提高一个数量级。

你还了解哪些关于北斗卫星导航系统研发的故事呢?查阅资料讲一讲。

_____
_____
_____

第三课　消除缺"芯"之忧

北北有话说： 在没有成功研制出自己的芯片之前，我们一直使用外国昂贵的进口芯片，这使我们的科研工作受到了多方面的制约。在国家意识到这样的被动局面后，加快了研发步伐，最终成功研制了属于我们自己的芯片。

"爸爸妈妈快来看，我读了一条有意思的新闻！"周末早上，北北像发现了新大陆一样指着一条新闻给爸爸妈妈看。

"你看，这些垃圾桶上面安装了北斗芯片和传感器，它会自动探测垃圾桶里的垃圾储存量，当垃圾量达到90%时，芯片在几秒钟内就可以将具体情况和所在位置发送给接到管理中心的后台服务器。随后系统会按照就近原则，调配清理车辆和人员过来清运。在北斗技术的帮助下，垃圾车定位精度在5米左右，从发现到最后清理，整个过程都在10分钟之内完成。"

爸爸说:"这种方式提高了工作效率,减轻了环卫工人的工作强度,北斗芯片真了不起!"

"爸爸,现在北斗芯片也是我们国产的吗?"

"是的,但是刚开始的时候,我们在北斗芯片研究上也遇到了很多困难。"

"这背后又有着怎样精彩的故事呢?"北北摸着小脑袋问。

"你上网查阅一下告诉我们吧!"

"保证完成任务。"

之后北北一会儿拿着笔在纸上写写画画,一会儿又开始上网查阅资料。

大概半个小时后,北北根据关于北斗芯片的各类介绍,整理了一篇小故事,读给了爸爸妈妈听。

"爸爸妈妈好,我是北北,今天我为大家演讲的是中国"芯"——我们自己的芯。"

中国"芯"——我们自己的芯

大家知道北斗导航定位的核心是什么吗?是芯片,它也是我们各类终端,比如手机、汽车等不可或缺的基础零件,

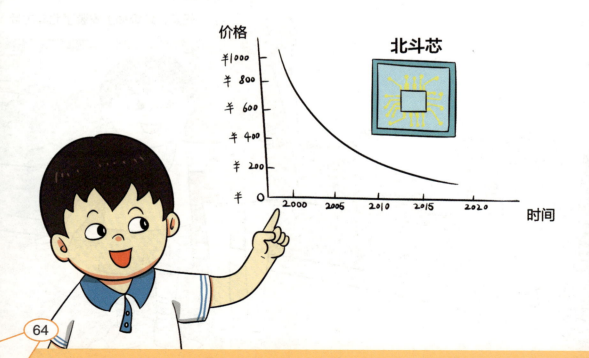

但之前我们一直没有属于自己研发的芯片，这个问题成了困扰我们科研人员的一块心病。

他们明白，只能将关键技术掌握在自己手中，才不会陷入其他国家随时进行技术封锁的困境，为了避免被别人扼住咽喉，科研人员在初期就确定了北斗系统使用国产芯片的原则。他们从自主可控的要求出发，坚持朝着"功耗更低，精度更高"的方向发展，通过一边尝试，一边改造，反复更迭的方式不断完善芯片。

爸爸补充说："我也查阅到了这样的一段资料：北斗经过多年的布局，现在已经形成了成熟的产业链，现在所用到的芯片已经完成了中国制造，与国外属同一级别。我们的北斗导航型芯片、模块、高精度板卡和天线还输出到120余个国家和地区。"

"北斗卫星导航系统真的是帮助了全世界的人民！这说明我们中国真是越来越强大了呀！"

 知识拓展：北斗芯片守护学生安全

推动我国自主研发的北斗卫星导航系统在民生领域中

的应用，有效保障中小学生的人身安全。

学生安全一直是社会、学校和家庭重点关注的话题。将北斗智能芯片植入学生卡，可以形成集身份识别、安全定位查询功能、求助功能、远程监听、亲情通话、电子围栏于一身的新一代学生卡——北斗定位学生卡。它集定位功能、互联网技术以及移动地理信息技术于一体，面向校园、家长提供关于学生的安全保障服务，可有效保护中小学生的人身安全。

你还知道哪些北斗芯片在生活中的应用？

_____

_____

_____

第四课　解决布"站"之难

北北有话说： 在北斗三号卫星导航系统建成之前，前面两代卫星导航都属于区域导航系统，只需在国内建立监测站网就可以满足基本需求。北斗三号导航系统是覆盖全球的，所以加入了星间链路这一项功能，解决了在全球建站的难题。

"爸爸，你说我们人类有自己的朋友圈，可以进行交谈，那天上的北斗卫星彼此之间又不能相互交流，你说他们是不是很孤单呢？"

"他们并不孤单，他们也有自己的朋友圈，而且彼此之间还能共享位置呢！"

"真有趣，爸爸快给我讲讲他们之间是怎么进行联系的！"

"这得从北斗的布站说起，我们知道北斗卫星导航系统是由空间段、地面段和用户段组成。但是在建设地面段时，北斗卫星导航系统曾面临一个挑战，就是全球布站。

为什么要建站呢？这是因为很多干扰因素容易造成卫星位置的偏差，出现'测距误差大'的问题，同时卫星飞离我们国土地面站可视范围时，我们就不能实施监控啦，因此，我们需要建设全球范围的地面站。但由于政治、安全等方面的原因，我们无法像美国的全球定位系统那样在全球范围内建设地面站。"

"那这个问题是怎么解决的呢？"北北好奇地问爸爸。

"为保证境外卫星数据传输通道的畅通，科研人员创造性地提出星间链路技术，高效地解决了布站难题。

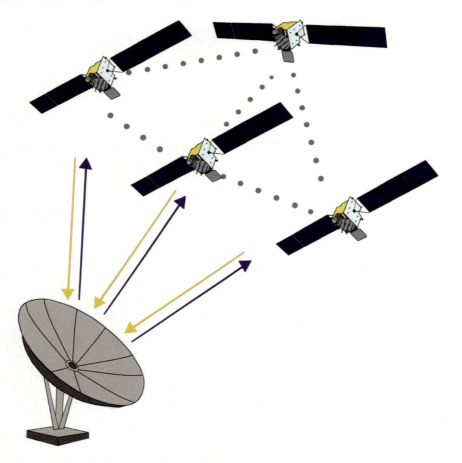

"通过星间链路,所有在轨北斗卫星连成一张大网,相互之间可进行数据传输与交换、距离测量,并且自动保持队形。利用这一技术,卫星观测效率提高了 10~30 倍,测控的覆盖率也由 30% 上升到了 100%。北斗卫星导航系统的这一星间链路还可以与其他卫星相关联,实现上百颗卫星的联网,有助于构建我国的天网信息综合网。"

"这又是北斗的一大创举啊!"北北感叹地说道。

"这不仅减小了地面建站的规模和管理维护的压力,而且还提高了卫星定位精准度。凭借着这一项独门绝技,仅靠在国内布站就实现了对全球星座的运行控制,最终达到了服务全球的一流水平。"

"北斗背后研发的故事真的太精彩了!"

"是的，今后北斗系统将以更加开放包容的姿态拥抱世界，同世界一起书写新时代时空服务新篇章。"

"我们的北斗系统不仅是中国的北斗，更是世界的北斗！一流的北斗！北斗加油，中国加油！"

 知识拓展：北斗卫星发射总览

北斗卫星发射一览表

卫星	发射日期	运载火箭	轨道
第1颗北斗导航试验卫星	2000.10.31	CZ-3A	GEO
第2颗北斗导航试验卫星	2000.12.21	CZ-3A	GEO
第3颗北斗导航试验卫星	2003.5.25	CZ-3A	GEO
第4颗北斗导航试验卫星	2007.2.3	CZ-3A	GEO
第1颗北斗导航卫星	2007.4.14	CZ-3A	MEO
第2颗北斗导航卫星	2009.4.15	CZ-3C	GEO
第3颗北斗导航卫星	2010.1.17	CZ-3C	GEO
第4颗北斗导航卫星	2010.6.2	CZ-3C	GEO
第5颗北斗导航卫星	2010.8.1	CZ-3A	IGSO
第6颗北斗导航卫星	2010.11.1	CZ-3C	GEO
第7颗北斗导航卫星	2010.12.18	CZ-3A	IGSO
第8颗北斗导航卫星	2011.4.10	CZ-3A	IGSO
第9颗北斗导航卫星	2011.7.27	CZ-3A	IGSO
第10颗北斗导航卫星	2011.12.2	CZ-3A	IGSO
第11颗北斗导航卫星	2012.2.25	CZ-3C	GEO
第12、13颗北斗导航卫星	2012.4.30	CZ-3B	MEO

卫星	发射日期	运载火箭	轨道
第 14、15 颗北斗导航卫星	2012.9.19	CZ–3B	MEO
第 16 颗北斗导航卫星	2012.10.25	CZ–3C	GEO
第 17 颗北斗导航卫星	2015.3.30	CZ–3C	IGSO
第 18、19 颗北斗导航卫星	2015.7.25	CZ–3B	MEO
第 20 颗北斗导航卫星	2015.9.30	CZ–3B	IGSO
第 21 颗北斗导航卫星	2016.2.1	CZ–3C	MEO
第 22 颗北斗导航卫星	2016.3.30	CZ–3A	IGSO
第 23 颗北斗导航卫星	2016.6.12	CZ–3C	GEO
第 24、25 颗北斗导航卫星	2017.11.5	CZ–3B	MEO
第 26、27 颗北斗导航卫星	2018.1.12	CZ–3B	MEO
第 28、29 颗北斗导航卫星	2018.2.12	CZ–3B	MEO
第 30、31 颗北斗导航卫星	2018.3.30	CZ–3B	MEO
第 32 颗北斗导航卫星	2018.7.10	CZ–3A	IGSO
第 33、34 颗北斗导航卫星	2018.7.29	CZ–3B	MEO
第 35、36 颗北斗导航卫星	2018.8.25	CZ–3B	MEO
第 37、38 颗北斗导航卫星	2018.9.19	CZ–3B	MEO
第 39、40 颗北斗导航卫星	2018.10.15	CZ–3B	MEO
第 41 颗北斗导航卫星	2018.11.1	CZ–3B	GEO
第 42、43 颗北斗导航卫星	2018.11.19	CZ–3B	MEO
第 44 颗北斗导航卫星	2019.4.20	CZ–3B	IGSO
第 45 颗北斗导航卫星	2019.5.17	CZ–3C	GEO
第 46 颗北斗导航卫星	2019.6.25	CZ–3B	IGSO
第 47、48 颗北斗导航卫星	2019.9.23	CZ–3B	MEO
第 49 颗北斗导航卫星	2019.11.5	CZ–3B	IGSO
第 50、51 颗北斗导航卫星	2019.11.23	CZ–3B	MEO
第 52、53 颗北斗导航卫星	2019.12.16	CZ–3B	MEO
第 54 颗北斗导航卫星	2020.3.9	CZ–3B	GEO
第 55 颗北斗导航卫星	2020.6.23	CZ–3B	GEO

4 我们的北斗 (插图版)

查阅资料了解一下,在过去的一年里,中国航天还取得了哪些成就?

_____

_____

后 记

看完了一个个小故事，你也许还意犹未尽；读完了一段段知识拓展，也许还不能满足你的求知欲望；回答了一个个小问题，也许你还会冒出许多新的疑问……的确，有关北斗的精彩故事远远不止这些，关于北斗的知识更是多如天上的繁星，数不胜数。如果你还想知道得更多，了解得更深，同时又有足够的阅读能力，那么，你可以试着跨越一个等级，去读一读中学版的《我们的北斗》，在那里，有着更为详细的介绍。此外，你还可以主动关注北斗卫星导航系统的最新动态和消息。

你可千万别误会，以为北斗卫星导航系统已经建成，不会继续进步了。其实，直到今天为止，它依然处于不断完善和发展之中。2035年前还将建设完善更加泛在、更加融合、更加智能的综合时空体系，在更广阔的领域改变我们的世界，让我们的生活更加美好。

很有可能，在十几年后，你会成为发展北斗卫星导航系统的一员，或者成长为其他领域的科学家、工程师以及其他对社会有贡献的人。让我们从今天开始，从现在开始，继承和发扬新时代北斗精神，热爱学习，勤于思考，勇于创造和实践，用科技兴国，用智造强国来实现中华民族的伟大复兴。

同学们，加油！